RECUEIL-MANUEL

ÉCONOMIE AGRICOLE

MÉDECINE DOMESTIQUE

ET LES

BESOINS ORDINAIRES DE LA VIE.

Montmartre. — Imp. Pilloy.

CHAPITRE PREMIER.

Economie agricole.

CONSTRUCTIONS. — AGRICULTURE. — HORTICULTURE.

Constructions en terre.

Les constructions en terre sont excellentes et toutes les terres franches y conviennent ; les argileuses sont préférables ; les terres sablonneuses sont mauvaises.

On choisit, près de l'endroit où l'on veut bâtir, un emplacement convenable pour faire des briques crues, on enlève la couche végétale jusqu'à la profondeur d'un fer de bêche, on y verse de l'eau pour convertir la terre en boue épaisse, on fait entrer un cheval ou un bœuf dans le trou, on l'y fait tourner et piétiner jusqu'à ce que la boue soit bien corroyée, ensuite on y jette de la vieille paille, du vieux foin ou toute autre substance végétale, n'importe laquelle, pour donner du liant ; on y fait de nouveau piétiner, en y ajoutant de l'eau, jusqu'à ce que le tout soit bien massif, et on laisse reposer le mélange.

Le lendemain, on procède de même. On reconnaît que le mélange est pris à l'odeur de pourri qui s'en exhale ; alors on fait des briques dans un moule double pour économiser le temps. Le premier mélange employé on creuse de nouveau dans le même trou et on agit comme ci-dessus. Les briques ainsi faites n'ont pas besoin de cuisson, elles sèchent promptement au soleil. Pour mortier on se sert de la terre prise dans le même trou, sans addition des substances végétales. Ce même mortier sert au récrépissage et plafonnage en y ajoutant de la bousse de vache, et le plafonnage ainsi fait est plus solide que celui fait au mortier de chaux ou de plâtre. Pour garantir de la trempe le récrépissage à l'extérieur, on mouille bien la surface du mur, on égalise, on laisse sécher et puis on peint avec un vernis composé de cendres de bois tamisées, chaux vive tamisée et huile. Le ton gris de ce vernis est très-agréable à l'œil. Les maisons construites de cette manière sont sèches en hiver et fraîches en été.

Moyen pour préserver de la maladie les pommes de terre.

L'Association économique en Belgique a communiqué, en 1857, au cultivateur en Belgique, le moyen pour prévenir la maladie des pommes de terre, par la manière de planter et de faire choix de pommes de terre à planter; le plantage temporel est plus avantageux que le plantage tardé, car les pommes de terre n'ont pas eu le temps de pousser dans le magasin ; dans les espèces nouvelles, il y en a de tardées qui se flétrissent facilement. Il faut choisir ce qui pousse à temps, celles d'une grandeur médiocre sont les meilleures à planter; il faut éviter de planter celles qui ont beaucoup de bourgeons ou yeux au bout, car ils sont épuisés et ne peuvent donner du bon fruit; il faut choisir celles que leurs bourgeons ou yeux au bout éloignés les uns des autres, ceux-là donnent le plus de fruits. La méthode usitée de couper les bouts avec les bourgeons pour planter, et les gros bouts gardés pour le ménage est fort nuisible ; les bourgeons ont besoin d'être nourris par la pomme de terre pour avoir la force de pousser. La meilleure méthode est de couper la pomme de terre en long, et d'en planter la moitié sans rien retrancher.

Moyen pour rendre vigoureuses les céréales et planles languissantes, chétives, chlorosées.

On répand sur les céréales chlorosées ou chétives une eau ferrée faite dans les proportions suivantes : eau, 500 litres, sulfate de fer (vitriol vert, couperose verte), 1 kilog. On opère par un temps un peu sombre, mais le plus chaud possible (au-dessous de dix degrés on n'a pas de résultat), et on répète, s'il y a lieu, la même opération huit ou dix jours après. Ces 500 litres de dissolution doivent revenir à 15 centimes au plus, 300 litres environ par are, car le vitriol vert ne coûte que 7 fr. par 100 kilog. Cette dissolution doit être employée immédiatement après la fusion du sel et avant qu'elle ne soit troublée par de la rouille. Si l'on n'a pas d'eau à sa disposition, il faut profiter d'un temps pluvieux pour répandre sur les céréales le vitriol vert égrugé et mélangé au moment de son emploi, avec une certaine quantité de terre sèche pulvérulente (400 kilog. par hectare), et répéter l'opération huit ou quinze jours après, s'il est nécessaire. Les céréales, ainsi stimulées, seront reconnaissables, à une grande distance, par l'intensité de leur verdure et donneront un produit triple de celui des parties du même champ abandonnées à elles-mêmes.

Les arbres fruitiers et les fleurs reçoivent aussi de la vigueur par l'application du vitriol vert ; on le verse au pied de la racine de l'arbre ou de la plante ; pour les fleurs, l'aspersion faite sur les feuilles avec une très-faible dissolution ferrugineuse, 1 gramme

ou 2 de vitriol par litre d'eau, amène un re-
verdissement d'autant plus marqué que la
température est plus élevée et que la feuille
est plus molle et plus celluleuse.

*Moyen pour donner aux tiges de chanvre et de
lin une plus forte capacité en longueur et en
épaisseur.*

Pour le chanvre, au lieu de semer on
plante les graines, pour le lin on les sème
largement ; mais, pour les deux, on doit dis-
poser le champ en rigoles les plus nom-
breuses possibles ; ensuite, on sème sur le
plan de la cendre de chiffon mêlée avec du
terreau, et, après le cerclage, on arrose le
chanvre et le lin avec une dissolution composée d'un gramme de couperose verte et un
litre d'eau par are : cet arrosage doit être
opéré pendant la pluie ou peu de temps
avant. Le chanvre et le lin acquièrent, par
ce procédé, une croissance extraordinaire et
le cultivateur en obtient un grand avantage.

*Procédé pour chasser les charançons des
greniers à blé.*

Il faut chauffer un litre de goudron miné-
ral dans un vase de terre ou de fer-blanc, et,

dès qu'il y a ébullition, on dépose le goudron tout bouillant dans la grange ou dans le grenier. On enduit de goudron à chaux les portes et plusieurs endroits du mur du grenier. Il faut faire la même opération pendant trois jours.

Deuxième moyen.

On cueille la plante (dit du loriot ou sauge), on parsème la grange avec cette plante, on attache quelques paquets au mur, surtout à l'instant où la plante fleurit. Dans l'un et l'autre cas, les charançons seront détruits et ne reparaîtront plus.

Moyen pour détruire, dans les champs, les souris qui endommagent les semences.

A proportion nécessaire de la quantité d'eau, on fait fortement bouillir du *suif*, on y ajoute des sommités d'absinthe ; avec ce mélange à chaud, vous versez dans les trous en mettant dans ces trous une petite pierre de chaux vive sur laquelle vous versez le mélange ; il faut opérer pendant un temps humide, alors le goût et la fumée pénètrent plus facilement dans leurs plus profonds réduits et les font mourir.

Moyen pour préserver les légumes des chenilles et autres insectes.

Il n'y a qu'à semer du chanvre sur toutes les bordures du terrain où on a le dessein de planter des choux ou tout autre légume; l'espace renfermé par le chanvre sera exempt de toute vermine ; ce moyen est infaillible.

Moyen pour conserver les foins et en empêcher la moisissure ou rouissage dans les granges.

On fait répandre à la main, au moment du déchargement, un cinquième de kilogramme de muriade de soude ou de sel de cuisine sur 100 kilogrammes de foin, ce qui revient à 8 centigrammes par quintal métrique de fourrage. Par ce moyen, on ne trouvera jamais la moindre trace d'altération dans les masses de fourrages qui seraient rentrés et engrangés, même pendant les pluies. En outre, le fourrage acquiert plus de poids et devient plus appétissant et plus utile à la santé des animaux.

Moyen pour préserver de la germination le blé nouvellement coupé.

A mesure que le blé est coupé, on prend,

en plusieurs brassées, une quantité de gerbes du poids de 15 kilogrammes ou environ, on les met debout, on en forme un faisceau qu'avec quelques brins de paille on lie au-dessous de l'épi ; on ouvre ensuite ce faisceau par le bas, tant pour lui donner du pied que pour faciliter à l'intérieur la circulation de l'air ; enfin, on le couvre d'un chapeau formé d'une brassée de tiges liées le plus possible qu'on applique sur le faisceau, après l'avoir ouvert, l'épi renversé vers la terre. On peut se passer de ce chaperon dans les temps non pluvieux, parce qu'il égraine les épis du faisceau qu'il est destiné à recouvrir.

A l'aide de ce procédé, qui a du rapport avec ce qui se pratique pour le chanvre, la pluie glisse le long des tiges sans pénétrer dans le faisceau, alors même qu'elle se prolongerait pendant deux ou trois semaines. En outre, le blé profite davantage et acquiert une couleur plus jaune, ce qui en rehausse le prix.

Moyen pour préserver les arbres des insectes.

10. Un anneau de cuivre et un autre de zinc, au pied et au sommet du tronc, joints par un fil d'archal, suffisent ; tout insecte qui touche l'anneau de cuivre reçoit une secousse qui le tue ou le précipite à terre.

Moyen pour faire disparaître la mousse des arbres.

11. On prend une partie de plâtre et une partie égale de bouse de vache ou d'eau de fumier; on délaye et on enduit la partie couverte de mousse. Au bout de quatre à cinq jours la mousse tombe avec l'enduit et l'écorce reparaît dans son état naturel.

Moyen pour faire du pain avec la racine du chiendent.

12. Le chiendent est un succédané du pain de blé; le pain en est plus économique, plus délicat et meilleur que tous ceux que nous mangeons.

On nettoie avec soin le chiendent nouvellement arraché, on le coupe par petits morceaux, on le fait sécher au feu ou au soleil et on l'envoie au moulin. La farine obtenue ainsi est jaunâtre, d'une saveur et d'une odeur très-agréables. Il suffit d'y ajouter un tiers de son poids de farine de froment pour faire un pain nutritif, léger, spongieux et appétissant; 3 kilos 250 gram. de racine de chiendent donnent 2 kil. 500 gr. de belle farine, 500 gram. de farine noire et 500 gram. de son excellent pour l'engraissage des porcs.

Moyen pour juger si une pièce de bois est saine.

14. Toutes les fibres d'un arbre sont autant de tuyaux qui répandent la sève dans son intérieur, aux branches et à l'écorce; c'est aussi un écho qui répète les coups dont il est frappé si l'arbre est sans nœuds trop prononcés et sain de corps; eût-il cent pieds de long, en donnant un coup avec le manche d'un couteau à l'un des bouts on entendra le son d'une extrémité à l'autre. Il faudra s'agenouiller et prêter une oreille attentive pour bien s'assurer de l'expérience qu'on aura tentée.

Procédé pour garantir de la pourriture les bois de construction, même ceux enfouis dans la terre.

14. On prend :

Poix.	350	grammes.
Résine blanche .	150	id.
Caput mortuum. .	150	id.
Briques pilées. .	150	id.

Le tout doit être fondu et liquéfié dans un vase de fer; on enduit le bois à l'aide d'une spatule. Cet enduit s'infiltre dans toutes les fibres du bois et en empêche la décomposition. Aux pièces destinées à être enfouies

dans la terre, on applique préalablement
une légère couche de *ciment hydraulique.*
(Voir la composition de ce ciment plus bas,
au chapitre III, n° 2).

Moyen pour engraisser vite et bien les bœufs.

15. Il est notoire que l'Angleterre donne
la meilleure viande de bœuf. Les éleveurs de
ce pays obtiennent ce résultat en mélangeant
le manger ordinaire des bœufs avec de la farine de fèves et de féverolles, qu'ils stimulent
avec un peu de sel gris. Le bœuf anglais ne
mange rien sans qu'il y ait de ce mélange,
aussi sa graisse est-elle plus épaisse et plus
ferme que celle de la race bovine des autres
pays qui n'emploient pas ce procédé, et
l'animal se trouve engraissé en très-peu de
temps.

*Moyen pour engraisser les veaux, méthode
d'Angleterre.*

16. On ne permet pas au veau de téter la
vache, on l'accoutume à boire le lait dans un
vase deux fois par jour ; au commencement,
pendant quelques jours, on lui donne le
lait nouvellement trait, plus tard celui qu'on
trait à la fin, et qui est plus nourrissant ; on

le tient dans une étable sombre, où l'on pose un morceau de blanc d'Espagne qu'il lèche volontairement. Après trois semaines commence l'engrais; on prépare des boulettes de farine de froment et d'œufs de la grosseur d'une noix; on lui en fait avaler cinq le matin et cinq le soir; à chaque introduction d'une boulette on lui fait avaler un peu de lait. Le second mois, pour finir l'engrais, il faut faire cuire des lentilles, au point de pouvoir les écraser facilement, et en mettre deux poignées dans le lait qu'on lui donne ordinairement; après avoir bu le lait il commence à lécher les lentilles et finit par les manger, ce qui l'engraisse considérablement. L'engrais ne doit pas se prolonger plus de deux mois; passé ce temps, il commence à grandir et la chair perd en délicatesse.

Observation concernant les vaches.

17. On attendra, pour cueillir ou couper l'herbe destinée à nourrir les vaches, que le soleil ait abattu la rosée; il serait très-dangereux de la leur présenter lorsqu'elle en est encore couverte; elle développe ordinairement alors des météorisations et des indigestions toujours mortelles. Lorsque l'on laisse les vaches prendre elles-mêmes leur nourriture dans les champs on doit avoir

grand soin de ne les faire sortir que lorsque la rosée sera dissipée, pour les raisons qui ont déjà été indiquées.

De la nécessité du pansement des vaches.

18. C'est une erreur de croire que le pansement à la main soit moins nécessaire aux vaches qu'aux chevaux, et la négligence dont est trop souvent suivie cette opinion est la source d'une infinité de maux de toute espèce. Les vaches ne sont bien portantes que lorsqu'elles transpirent bien, ce qui ne peut pas être lorsqu'on les laisse séjourner dans la fange et qu'on n'a pas le soin d'enlever la crasse qui bouche les pores de la peau. Dans les pays où l'usage salutaire d'étriller les vaches est établi, on remarque qu'elles sont moins sujettes aux maladies, qu'elles donnent un lait abondant et surtout de meilleure qualité.

Des étables.

19. Les étables les plus saines sont celles qui sont placées sur un sol sec et élevé ; leur défaut le plus général est d'être beaucoup trop fermées ; le préjugé où l'on est que le froid nuit aux vaches et qu'on ne saurait trop

ة garantir est la cause la plus commune des accidents de tout genre auxquelles elles sont sujettes. Non-seulement la plupart des étables sont très-basses et n'ont que des ouvertures très-étroites, mais on s'attache encore à les tenir bouchées très-exactement pour peu que l'air soit froid. Il n'est peut-être pas une pratique aussi funeste, aussi meurtrière et contre laquelle il soit plus important d'être en garde. Il est mieux sans doute de les tenir dans les étables, pendant les saisons rigoureuses, mais elles ne sau-raient être trop ouvertes. Quelque froid que soit l'air, il fera certainement moins de mal que celui qu'on y laisse corrompre en les tenant exactement fermées. S'il est impor-tant que les étables soient bien aérées, il ne l'est pas moins qu'elles soient nettoyées, le fumier qu'on y laisse trop longtemps sé-journer altère l'air, le rend impropre à la respiration et peut causer beaucoup de ma-ladies putrides.

Observation générale sur les vaches laitières.

20. Une des attentions les plus essen-tielles à avoir lorsqu'on nourrit des vaches laitières, c'est de ne jamais les faire passer brusquement de la nourriture verte à la nourriture sèche, et de celle-ci à la première;

on doit, au contraire, les y amener peu à peu
et par gradation, tout changement brusque
de nourriture opère une diminution dans le
lait. On doit abreuver les vaches deux fois
par jour et même trois fois dans l'été ; cette
précaution est essentielle lorsqu'elles sont
nourries au sec. L'omission de cette attention est une des principales causes des maladies inflammatoires auxquelles elles sont si
sujettes. Il faut en outre que l'eau dont on
les abreuve soit la plus pure. On doit toujours donner la préférence à celle qui vient
d'une rivière. On doit aussi avoir l'attention
de laver les pis et trajons de temps en temps
avec de l'eau tiède, on prévient par là l'en-
gorgement, dur et indolent, auquel le pis
est très-sujet, ainsi que les poreaux dont il
est souvent couvert. La propreté exige d'ail-
leurs que les pis et surtout les trajons soient
lavés avant et au moment de traire les vaches.

Moyen salutaire pour la nourriture des moutons.

21. L'humidité est contraire aux moutons
lorsqu'il y en a trop dans le sol qu'ils par-
courent et dans les herbes aqueuses qu'il
produit. Cette humidité, lorsqu'elle est froide
comme celle des rosées, peut causer la maladie du foi ; l'humidité cause aussi aux mou-

tons des colliques très-dangereuses. On mène
paître les moutons au lever du soleil lorsqu'il
n'y a point de rosée ou de brouillards. Le
meilleur foin pour les moutons est celui qui
provient des prés secs, où l'eau ne croupit
pas ; ces foins sont fins, délicats et agréables
au bétail. C'est ordinairement au mois d'oc-
tobre que l'on commence à donner à manger
aux moutons au ratelier ; la meilleure paille
est celle d'avoine, parce qu'elle est plus tendre. Les remèdes les plus nécessaires aux
moutons sont la saignée et l'onguent pour
la gale.

Moyen de saigner les moutons usité en
Angleterre.

22. Il y a une manière très-usitée de saigner les moutons en Angleterre. Cette saignée se fait sur le bas de la joue du mouton,
à l'endroit de la racine de la quatrième dent
qui est la plus épaisse de toutes, sa racine est
aussi la plus grosse. L'espace qu'elle occupe
est marqué, sur la face externe de l'os de
la mâchoire supérieure, par une tubérosité
assez saillante pour être sensible au doigt
lorsqu'on touche la peau de la joue. Cette
tubérosité est un indice très-certain pour
trouver la veine angulaire qui passe au-dessous. Cette veine s'étend depuis le bord infé-

rieur de la mâchoire du dessous, près de son angle, jusqu'au-dessous de la tubérosité qui est à l'endroit de la racine de la quatrième dent machelière; plus loin, la veine se recourbe et se prolonge jusqu'au trou sourcilier.

Pour faire cette saignée à la joue on commence par mettre entre ses dents une lancette ouverte, ensuite on place le mouton entre ses jambes et on le serre; pour l'arrêter, on tient son genou gauche un peu plus avancé que le droit, on passe la main gauche sous la tête de l'animal et on empoigne la mâchoire inférieure de manière que les doigts se trouvent sur la branche droite de cette mâchoire, près de son extrémité postérieure; pour comprimer la veine angulaire qui passe dans cet endroit et pour la faire enfler, on touche de l'autre main la joue droite du mouton à l'endroit qui est à peu près à égale distance de l'œil et de la bouche ; on y trouve la tubérosité qui doit guider, et on peut sentir la vaine angulaire gonflée au-dessous de la tubérosité.

Alors on prend de la main droite la lancette qu'on tient dans sa bouche, et on fait l'ouverture de la saignée de bas en haut, à un demi-travers de doigt au-dessous du milieu de l'éminence qui a servi de guide.

La saignée à la joue est donc aussi sûre que facile, puisqu'on ne peut pas se méprendre sur la situation du vaisseau, et qu'il est assez gros pour fournir une suffisante quantité de sang. Le sang y est retenu par la main de l'opérateur, qui fait l'effet d'une ligature à l'angle de la mâchoire. Un homme seul peut faire cette opération.

Onguent pour guérir la gale des moutons.

23. Il faut être attentif à découvrir les premiers indices de la gale des moutons. Il faut observer si quelque mouton se gratte avec les pieds ou les dents, ou s'il se frotte contre les arbres. Ces signes annoncent des démangeaisons aussi par la gale ; il faut visiter les moutons en écartant les flocons de la laine dans les endroits suspects pour voir s'il y a de vrais symptômes de gale. Ils consistent en ce que la peau est plus dure dans les parties galeuses que dans les autres ; on sent des grains qui résistent sous les doigts. Le meilleur onguent est un mélange de suif avec de l'huile de térébenthine. Faites fondre un demi-kilogramme de suif et 125 grammes de térébenthine ; il est facile de l'employer sans couper la laine à l'endroit de la gale ; il suffit d'en écarter les flocons pour mettre la partie galeuse à découvert. Alors on frotte la peau rudement avec l'ongle d'un doigt ou avec un grattoir, seulement pour enlever les

croûtes, et on applique l'onguent en l'étalant avec le doigt.

La première chose que l'on doit faire quand il paraît des signes de cette maladie, c'est de séquestrer les animaux qui en sont atteints.

Moyen pour reconnaître quand la vache ou la génisse est pleine.

24. Les meilleurs agriculteurs ne savent pas souvent préciser l'époque à laquelle leur vache est devenue pleine. Les expériences des professeurs vétérinaires posent comme immanquables à cet égard les deux moyens suivants :

Premier moyen. On trait deux ou trois gouttes de lait, et on les verse l'une après l'autre dans un verre plein d'eau ; quand la vache est pleine, la goutte de lait tombe au fond du verre ; dans le cas contraire, elle blanchit l'eau de suite.

Deuxième moyen. On verse un peu de pis de la vache dans le creux de la main ; quand la vache est pleine, le pis devient gluand, se prend aux doigts et file.

Moyen pour reconnaître quelle vache est meilleure laitière.

25. On doit regarder si le pis de la bête

est entouré d'un poil qui va en remontant. Cette disposition empiète à droite et à gauche sur la partie intérieure de chaque cuisse, et partout où le poil montant atteint celui qui recouvre toute la bête et qui va en descendant; leur rencontre dessine une ligne sensible à l'œil. C'est ce que le célèbre *Guenon* appelle gravure ou écusson. La forme que cette gravure occupe indique le produit journalier du lait ; plus elle occupe une grande surface, plus le produit est grand, et réciproquement. Tel est le type de la meilleure laitière : si la bête est de grande taille et dans les circonstances les plus favorables d'habitation et de nourriture, elle pourra fournir jusqu'à 20 litres de lait par jour, car elle conserve son lait jusqu'au moment de véler.

Moyen pour conserver l'apppéti aux porcs à l'engrais.

26. On leur donne chaque jour deux poignées d'avoine salée par la méthode suivante: On met dans un vase l'avoine nécessaire pour deux jours, en la couvrant de sel par couche et en répandant un peu d'eau sur le tout. Comme l'humidité fait gonfler le grain, il en faut remplir le vase entièrement. Les porcs auxquels on donne ce mélange ont continuellement appétit et mangent tout ce qu'on leur présente.

*Procédé pour préserver les bestiaux et les
chevaux des piqûres de mouche.*

On prend :

27 Huile de navet. . . 230 grammes.
Vinaigre. . . . . 250 gram.
Aloès en poudre. . . 15 gram.
Poudre de coloquinte. 15 gram.
Encens commun. . . 15 gram.

On fait bouillir ce mélange sur du charbon dans un vase de terre verni, on passe
ensuite à travers un linge et on éponge les
chevaux. Le poil devient plus lisse par ce
lavage, qui ne s'évapore que bien lentement,
et l'animal reste libre de l'atteinte des insectes pendant plusieurs jours.

*Procédé pour transformer l'eau-de-vie de
grains en eau-de-vie de Cognac.*

28. Il est constant que la supériorité de
l'eau-de-vie de Cognac tient à ce qu'elle provient d'un vin blanc qui, ayant fermenté sans
la peau du raisin, n'a pu se charger de l'huile
qu'elle renferme. Il est aussi démontré que
l'odeur et la saveur des eaux-de-vie de grains
tiennent à la présence d'une huile toute for-
mée dans chaque espèce de grains.

Partant de ce principe, un chimiste distingué, et après lui une forte maison de commerce, ont fait l'expérience suivante, qui a parfaitement réussi :

On fait chauffer de bonne eau-de-vie de grains dans un bain-marie (voir la formule de ce bain au commencement du deuxième chapitre) ; l'huile native de grains se volatise. On retire ensuite l'eau-de-vie et on y met macérer, pendant huit jours, au soleil ou à une douce température, du raisin blanc sans peau. Au bout de ce temps on filtre et on colore l'eau-de-vie.

L'eau-de-vie, ainsi préparée, aura l'odeur et le goût de bonne eau-de-vie de Cognac.

Procédé pour vieillir l'eau-de-vie de vin et en améliorer la qualité.

29. En versant 12 gouttes d'alcali volatil dans un litre d'eau-de-vie jeune et faible au degré, en remuant bien le flacon une demi-heure tous les jours, on aura donné à l'eau-de-vie, au bout de huit jours, un degré fort et un goût de vieillesse à tromper les meilleurs connaisseurs. L'addition d'alcali ne nuit aucunement à la santé des consommateurs.

*Procédé pour blanchir les huiles et les priver
de l'odeur rance.*

30. En hiver, on remplit de neige un vase quelconque ; on verse sur cette neige l'huile qu'il s'agit d'épurer, on laisse le vase au froid et en repos pendant quelques jours; la masse sera congelée; on la fait ensuite dégeler à une douce chaleur, et on décante en ôtant le résidu impur; on reverse la fusion dans un autre vase de neige, et on procède comme la première fois. Cette opération de gel et de degel doit être répétée trois fois; l'huile acquerra la limpidité du cristal et perdra toute odeur.

*Procédé pour la préparation d'un vin mousseux
ayant toutes les qualités du vin de Champagne.*

On prend 100 litres de vin blanc et 100 livres de poires douces, on rape les poires, leur pelure comprise, et le suc exprimé se met dans un baril dont on recouvre l'ouverture avec un morceau de toile et sans bondonner. Au bout de deux ou trois jours le suc éprouve une fermentation qui rejette, au moyen de la mousse, toute la lie dont il est chargé; quand la mousse vient à s'abattre, on verse dans le baril la portion de vin blanc, et on bondonne le baril que l'on laisse dans une cave fraîche pendant quatre ou six semaines. Au bout de ce temps on soutire le liquide, on met dans les bouteilles, on goudronne et affermit les bouchons avec du fil de fer. Les bouteilles remplies doivent être conservées couchées par terre.

Ce vin sera spiritueux, mousseux, agréable, et, si on y ajoute 13 livres de jus de frambroises, on aura un œil de perdrix d'un goût exquis.

Procédé pour rétablir les vins aigres ou moisis.

32. On met dans la pièce, sur 100 litres de vin, 170 grammes de charbon de bois bien brûlé et pilé un peu gros ; on laisse assez de vide dans la pièce pour pouvoir bien mêler le charbon avec le vin par le brassement, en roulant en tous sens le tonneau pendant au moins une heure. Ce brassage doit être répété trois jours de suite ; après on laisse pendant huit jours, et bondonné, le tonneau sur le chantier ou dans la cave ; le charbon se déposera entièrement et l'on soutirera le vin. Le résidu doit être filtré sur un feutre. Le vin, ainsi traité, perdra son aigreur et même le goût de l'odeur du moisi.

Moyen pour reconnaître si les rhums et les eaux-de-vie sont falsifiés par quelques acides.

33. Cette falsification se reconnaît à l'aide de la limaille de fer; on en met une pincée dans un verre, et on verse dessus du rhum ou de l'eau-de-vie; si le liquide est falsifié, en peu de minutes il prend une couleur foncée qui est l'effet de la décomposition de la limaille.

Moyen pour rétablir le beurre rance en bonne qualité.

34. On prend de la carbonate de soude qu'on fait dissoudre dans de l'eau, on met le beurre dans cette dissolution, on le lave longtemps, jusqu'à ce qu'il perde totalement son goût rance, on retire alors le beurre de ce mélange et on le lave à pleine eau. La proportion de ce mélange est une cuillerée de soude pour un litre d'eau.

Moyen pour conserver le beurre.

35 On prend :

16 livres de beurre frais. On y ajoute
16 onces de sucre en poudre.
 8 onces de salpêtre.
23 onces de sel de cuisine, en poudre.

Après avoir bien mêlé le tout avec une cuillère en bois, on le met dans un vase en terre verni.

Moyen pour dégraisser et blanchir les tissus de chanvre et de lin.

36. On décrasse le lin et le chanvre en les tenant dans l'eau bouillante pendant deux heures environ; puis on répète la même opération avec de nouvelle eau, en y ajoutant une demi-partie de soude de commerce pour 100 kilog. de toile; la soude est, bien entendu, rendue caustique. Si l'on veut abréger le temps, on commence par laisser les toiles pendant quelques jours dans l'eau, pour détruire la colle de tisserand; on les plonge ensuite dans une dissolution de chlore de potasse ou de soude caustique, une partie contre 25 parties d'eau. Vers la fin de l'opération on fait une immersion dans l'acide sulfurique faible, une partie contre 70 parties d'eau; on répète ces immersions en ayant soin de faire suivre chacune d'un lavage à grande eau; par ce moyen, on obtient un beau blanc en peu de jours. Il est bon d'ex-

poser les toiles sur le pré pendant quelques jours après la dernière immersion.

Moyen pour augmenter le volume des choux-pommes.

37. En Ukraine on obtient des choux colosses par un procédé très-simple et peu coûteux, que voici : On met sur le sol une couche de fumier, et sur cette couche on met de la terre environ un pied et demi, de telle sorte que le plant se trouve d'autant plus élevé des autres; on y transplante les choux éloignés l'un de l'autre d'un pied; au sarclage, on habille chaque pied d'un peu de terre mêlée avec du foin sec. Le chou, ainsi planté, se développe d'une manière extraordinaire, et présente un diamètre d'au moins vingt centimètres, sans rien perdre de sa qualité.

Moyen pour conserver frais les œufs.

38. On prend un grand vase en fer-blanc; on y met au fond une couche de sel marin; sur cette couche on place une rangée d'œufs, en ayant soin de les écarter les uns des au-

tres avec du sel; on les recouvre avec une seconde couche de sel; puis on place des œufs, puis du sel, et ainsi de suite pour remplir toute la capacité du vase. Les œufs, ainsi placés, se conserveront frais pendant plusieurs mois, et pourront subir, sans altération, le transport par mer.

Manière d'engraisser les chapons et les poulardes.

39. Choisissez des sujets âgés de cinq à six mois, des poules qui n'aient pas encore pondu; par ce choix, vous serez sûr d'avoir une poule grasse, la peau bien blanche, et surtout une chair extrêmement tendre. Quand on veut procéder à l'engraissement, on met la volaille dans une espèce de cage composée de plusieurs loges à la file, assez étroites pour que la volaille ne puisse se retourner; chaque loge a sa porte pour entrer et sortir la volaille; la cage doit être en bois de sapin, placée sur des pieds de 40 centimètres de hauteur, avec un fond à barreaux de bois, plats, larges d'un pouce, placés à une distance égale, et assez espacés pour que les excréments puissent tomber; que les parois soient en planche et non en barreaux, afin que chaque poularde soit parfaitement isolée; les dessus en grosse toile tamis, pour qu'elles

aient le plus d'air possible. Il faut avoir soin
de déposer, au-dessous de la cage, une planche pour recevoir la fiente, et la laver tous
les matins et l'intérieur de la cage tous les
huit jours; la cage doit être placée dans un
endroit chaud et obscur. — La nourriture
de la volaille à l'engrais se compose de farine
de millet, ou maïs, sarrasin, orge et avoine.
Avec ces farines, on fait de la pâte comme si
on voulait en faire du pain, excepté qu'il n'y
a pas de levain; il ne faut pas qu'elle fer-
mente, et, pour cette raison, il n'en faut faire
que pour un jour.

Dès que la pâte a été pétrie, pendant
qu'elle est encore chaude, on la met en boulettes; les boulettes doivent avoir à peu près
la forme et la grandeur d'une petite olive,
c'est-à-dire qu'elles soient oblongues, mais
plus menues à l'un et à l'autre bout que vers
le milieu.

Quand on se prépare à faire faire un repas
à la volaille, on met du lait en quantité ju-
gée nécessaire dans un plat creux; on le fait
chauffer doucement; on jette dans ce plat les
boulettes. La personne chargée d'empâter la
volaille porte près de la cage le plat qui
contient les boulettes; elle tire une des volailles pour la faire manger, elle la pose sur
ses genoux, lui ouvre le bec avec la main
gauche, et introduit une à une les boulettes
avec la main droite dans la gorge; on doit

lui en faire avaler jusqu'à ce que son jabot soit bien rempli.

Quand le terme où elles sont suffisamment grasses approche, on ne doit pas leur donner autant à manger à chaque repas ; deux repas par jour suffisent, un le matin et un le soir. Après quinze jours ou trois semaines au plus, on a des volailles aussi parfaites qu'elles peuvent devenir.

Moyen d'élever les dindons.

40. De toutes les volailles, les plus difficiles à élever, ce sont les dindons. En Angleterre, on les élève de la manière suivante : On les entretient sur un sol sec ; ils ont un endroit pour être à l'abri de la pluie ; on parsème la cour avec du gros sable ; pour nourriture, on ne leur donne que du sarrasin ; aux jeunes dindons on donne du pain trempé dans du lait ; plus tard, des pommes de terre mêlées avec de la farine d'orge.

Moyen pour guérir la maladie de la volaille.

41. La vermine est engendrée par la malpropreté ; on peut la détruire par des lotions avec du *cumin* ou d'absinthe poivrée et l'eau

de savon. Faites chaque jour de la pâtée avec
du son et des pommes de terre, en proportions égales, et distribuez-les trois fois par
jour.

De l'incubation des poules. Choix d'œufs.

42. Pour tirer parti des poules, il faut
qu'elles soient ni trop ni pas assez nourries ;
c'est un point d'une grande importance. Une
bonne poule pond chaque année de 100 à
120 œufs. En général, elles pondent presque
toute l'année, excepté dans les mois de no-
vembre et décembre, qui sont le temps de
la mue. Choisissez, pour l'incubation, les
œufs des poules d'un an ; que les œufs n'aient
pas plus de vingt jours, qu'ils soient trans-
parents quand on les examine au soleil, et
qu'ils ne surnagent pas sur l'eau.

Construction des nids pour l'incubation.

43. Ces nids consistent en paniers d'osier
de la grandeur de la poule, fermez-les par
un couvercle à clairvoie pour laisser pénétrer l'air, et recouvrez-les d'une toile pour
intercepter la lumière et le bruit. Il faut les
garnir de foin bien sec et les placer dans un
endroit sec, exposé au midi. Pour empêcher

que les fourmis n'approchent du nid, vous prenez un cercle en bois, vous frottez l'encercle avec du blanc d'Espagne, vous entourez le nid en le plaçant par terre, et les fourmis n'approcheront pas du nid. Les vieilles poules couvent avec plus de constance que les jeunes. On choisit, pour couver, les plus grosses, les mieux emplumées, et celles qui craignent le moins l'approche de l'homme. On place, près des couveuses, de l'eau et du grain, afin qu'elles puissent manger sans se déplacer. Pendant tout le temps qu'elles sont sur leurs œufs, donnez-leur du pain bien cuit détrempé dans de l'eau.

Quand tous les poussins sont éclos, sortez-les du nid avec leur mère et placez-les dans un endroit chaud. De la mie de pain trempée dans de l'eau, et mêlée avec des œufs durs coupés en tranches très-minces, doit être la nourriture des cinq ou six premiers jours; puis on leur donne des criblures de blé lorsque leur bec commence à durcir.

CHAPITRE II.

Médecine et pharmacie domestiques.

Formule d'un bain-marie.

1. On établit *un bain-marie* de la manière suivante : On remplit d'eau une marmite en fer et on la place sur un feu moyen ; on plonge dans cette marmite un vase, soit en fer-blanc, soit en porcelaine, rempli à moitié de matière à distiller, fermé s'il y a un tube d'échappement ouvert, dans le cas contraire ; on laisse bouillir l'eau à gros bouillons, en ayant soin d'y ajouter de l'eau froide que l'on fait rebouillir et que l'on renouvelle pendant trois heures d'ébullition ; on retire ensuite le vase que l'on n'ouvre qu'après le complet refroidissement.

Le bain de sable se fait dans un vase de fer-blanc bien mince ; on y met du sable tamisé, dans lequel on enfonce la bouteille en verre, ou toute retorde en verre, et contenant, à un tiers de son volume, des matières à distiller ; on doit enfoncer le verre de manière à ce que les deux premières parties se trouvent dans le sable et la troisième au dehors, et qu'on puisse apercevoir facilement la fusion des ingrédients y déposés. Le vase doit être placé dans un foyer chaud, ou sur du charbon, à un feu doux, à l'aide d'un trépied, pour engager la dissolution.

Formule de l'eau sédative.

Ammoniaque liquide à 22°. . .   60 gr.
Alcool camphré.. . . . .   10 id.
Sel de cuisine. . . . .   30 id.
Eau ordinaire. . . . .   1 lit.

2. On verse d'un côté l'alcool camphré dans l'ammoniaque liquide; on bouche avec soin, on agite le flacon, et on laisse reposer un instant ce mélange. D'un autre côté, on fait fondre le sel de cuisine dans la quantité d'eau voulue, en ayant la précaution d'y verser quelques gouttes d'ammoniaque; on laisse déposer les impuretés du sel, on décante doucement et on y verse vivement le premier mélange; on bouche le flacon et l'on agite; l'eau est dès lors faite; elle est bonne à servir.

Formule du bain sédatif.

Ammoniaque liquide, 22 d. 200 gram.
Sel de cuisine. . . . . .   2 kilog.
Alcool camphré. . . .   30 gram.

3. On verse la préparation après les deux ou trois premiers seaux d'eau ; ensuite on achève de remplir la baignoire jusqu'à la hauteur voulue, et on agite vivement l'eau avec une grosse pelle de fer rougie au feu.

Formule pour faire du vinaigre camphré.

On prend :

Camphre en poudre. . . 30 gram.
Vinaigre rectifié . . . . 1 litre.

4. On dépose la poudre de camphre dans le vinaigre, on bouche le flacon, on agite et l'on attend que le camphre soit dissout dans le vinaigre, soit spontanément, soit à l'aide de la chaleur. On se gargarise au moyen de cinq ou six gouttes dans un verre d'eau. — Formule d'alcool camphré. Alcool à 40 degrés, 500 gram. ; camphre, 150 gram. La dissolution se fait presque instantanément.

Ces formules sont nécessaires à s'en servir pour les remèdes qui suivent.

Préservatif contre le choléra-morbus.

1. On prend un linge ployé en quatre, imbibé dans le mélange noté plus bas, et on le met sur le creux de l'estomac, et pareillement deux linges imbibés sous les aisselles.

Formule du mélange.

Dicture de china.   .   .   .   30 gram.
De l'esprit de menthe .   .   30 gram.
Ether sulforique .   .   .   .   15 gram.

On imbibe de nouveau, pendant plusieurs fois, les linges quand ils deviennent secs.

Pour tisane vous prenez du thé de menthe.

Remède pour amoindrir les souffrances pendant la maladie hémorrhoïdale.

2. De tous les pays, c'est en Espagne qu'on souffre le moins de la maladie hémorrhoïdale. Les Espagnols poivrent tellement leur manger, qu'un étranger à peine le peut manger. Un célèbre docteur a fait des expériences qui lui ont complétement réussi. Il conseille de faire piler du poivre turc et d'en faire des pillules de la grandeur ordinaire; en prendre cinq à jeûn et quatre le soir, par jour ; si on se sent soulagé, on diminue la dose : on en prend quatre le matin et trois le soir, et on diminue jusqu'à deux le matin et une le soir.

Remède contre la rage.

3. Il existait dans la propriété de Bry, en Bohême, un homme, nommé Scheida, qui,

par l'usage d'une certaine poudre et des bains, a, de notoriété publique, réussi à guérir beaucoup de personnes hydrophodes par suite de morsures de chiens enragés.

Le prince Joseph Schvartzemberg avait acheté, dans un intérêt humanitaire, le secret de Schveida, pour le mettre en possession des hommes de l'art. Toutes les personnes qui ont fait usage de ce remède ont été complétement guéries de la rage ; entre autres, trois personnes de la maison du prince ont été préservées par le remède de Schveida.

Le prince, pour en faire profiter l'humanité, s'empresse de mettre à la connaissance publique la formule de la poudre en question. La voici :

Feuilles de peuplier pyramidal ou d'Italie (*populus dilatata*) . 2 onces.
Menthe (*pulegium vulgare*). 1/4 de livre.
Sariette (*satureja hortensis*). 1/4 de livre.

Le tout réduit en poudre, bien mêlé, se conserve dans une fiole en verre bien bouchée. Pour en prendre, il faut ajouter à la poudre un peu de bonne huile de Provence, mais seulement assez pour l'humecter et lui donner une certaine consistance.

Pour en faire usage, trois fois par jour la quantité qui peut tenir sur la pointe d'un couteau, délayée dans un demi-litre environ de bière chaude.

Pour les chiens, on délaye la poudre dans

un quart de litre de lait ; pour les chevaux, on l'étend simplement sur un petit morceau de pain, et aux autres animaux domestiques on mêle la poudre à leur boisson ordinaire. Le remède administré, on ne donne aucune nourriture au malade pendant quelques heures.

On prépare des bains où l'on fait entrer les mêmes simples indiqués ci-dessus ; à cet effet, il faut les piler, faire infuser et verser cette infusion dans un bain tiède.

Tel est le remède fort simple publié par le prince Joseph Schvartzemberg.

Morsure de la vipère venimeuse.

4. Pour toutes morsures de la vipère ou autre animal venimeux, piqûres d'abeille, de guêpes, etc., on doit appliquer aussitôt sur la plaie de l'*ammoniaque liquide* à **22** degrés, et le laisser sécher, quelque douleur que l'on éprouve par la cuisson ; la plaie se cicatrisera de suite et l'inflammation disparaîtra.

Remède contre l'hydropisie, excepté celle où il y a désorganisation.

5. On peut se servir presque infaillible-

ment de la racine de prés (*spinca ulmaria*), cueillie à la rosée et employée toute fraîche et de suite. On fait infuser une poignée de cette plante précieuse dans un litre d'eau bien bouillante, le pot hermétiquement fermé ; on boit de cette infusion trois tasses par jour, le matin à jeûn, à midi et le soir, et chaque fois une heure avant ou après le repas. Au bout de neuf jours l'hydropisie disparaît.

Remède contre le rhumatisme.

6. Appliquez sur la région qui vous paraît le siége de la douleur, pendant dix minutes, trois fois par jour, des cataplasmes à eau salée. (Formule de l'eau salée : On fait dissoudre à froid une poignée de. sel de cuisine dans une carafe d'eau, agitant et laissant déposer pour que les impuretés se précipitent : on décante alors doucement dans un autre vase.) Lotionnez ensuite avec l'alcool camphré, voir la formule du commencement du deuxième chapitre, et prendre tous les cinq jours des bains sédatifs.

Aphtes.

7. On se gargarise fréquemment, tantôt avec de l'eau salée, tantôt avec du vinaigre

camphré, au moyen de cinq ou six gouttes dans un verre d'eau. On y joint l'application d'une compresse imbibée d'alcool camphré autour du cou ; on doit se toucher fréquemment le fond du gosier avec le doigt ou un tampon trempé dans l'alcool camphré avant le gargarisme.

Goutte.

8. Raspail, le célèbre chimiste, conseille l'usage de la tisane (*ioduro rubiacée*), l'application de compresses d'eau sédative sur les articulations envahies, et des bains sédatifs fréquents avec friction générale. On doit prendre, comme purgatif, quelques grains d'aloès tous les cinq jours.

Formule de la tisane (ioduro rubiacée).

Eau. . . . .   250 gram.
Ioduro de potassium. . . .   25 centig.
Poudre de racine de garance.   1 gram.

On chauffe et on fait bouillir l'eau avec la poudre de garance, et on jette le paquet d'iodure dans la décoction quand on la retire du feu.

Remède pour un point de côté.

9. On prend 3 gros de poudre de Serret, 1/2 livre de poivre blanc moulu, 2 blancs d'œuf : on bat bien le tout ensemble, on le pose ensuite sur un linge ou en fait un cataplasme, et on le pose sur le côté malade ; il faut que cette emplâtre tombe d'elle-même, mais on peut changer le linge que l'on pose par-dessus.

Migraine.

10. Toute migraine, tout mal de tête, pris au début, se dissipe en peu de temps par de simples ablutions sur le crâne avec de l'eau sédative, et une compresse avec la même eau autour du cou.

Rhume de cerveau.

11. Le traitement consiste à faire des injections, toutes les deux heures, dans les narines, avec le liquide suivant. (Prenez : extrait d'opium, 10 centigr. ; eau distillée, 30 gram.) Pour faire des injections, on verse le liquide dans un petit verre, on presse une narine avec un doigt, on plonge l'autre narine dans le liquide et l'on aspire jusqu'à ce

que le liquide soit sur le point de s'écouler dans la bouche ; on éloigne le verre, on retire le doigt, le liquide s'écoule et l'on opère sur l'autre narine. Il est nécessaire de ne pas se moucher immédiatement.

Maladie d'yeux.

12. Ulcération des paupières. Dans la journée, on lotionne les paupières à l'eau de lait ; pour la nuit, on les enduit de la pommade dont la formule suit :

Beurre frais	8	gram.
Roses pâles avec leurs calices	8	id.
Camphre	8	id.
Jasmin, fleurs et feuilles .	8	id.

On mêle le tout et l'on chauffe, jusqu'à l'ébullition, dans un vase ; l'eau des fleurs et des feuilles s'évapore, et le reste est passé avec expression et forme la pommade infaillible contre toutes ulcérations des paupières.

Brûlures par le feu.

13. On applique sur la partie brûlée une bonne pincée de camphre en poudre, on le couvre avec de la toile d'araignée sur la-

quelle on met une feuille de papier Joseph, et on maintient le tout avec des tours de bandes appropriées : en vingt-quatre heures la plaie se cicatrise.

Entorse.

14. On applique une bonne compresse d'eau sédative sur l'articulation douloureuse, s'il n'y a pas écorchure. On peut se servir du membre foulé au bout d'un jour.

Engelures.

15. On applique sur l'engelure un cérat dont la composition suit :

Huile de naphte	90	gramm.
Huile de laurier	60	id.
Miel blanc	30	id.
Térébenthine (essence).	15	id.

On fait de tout un mélange que l'on étend sur un linge en toile et que l'on applique en se couchant.

Chauveté par suite de maladie.

16. On se lautionne la tête avec de l'eau sédative trois fois par jour ; on se graisse en-

suite le cuir chevelu avec l'eau de rose mélangée à du rhum et avec de la moelle de bœuf fondue. L'action de l'eau sédative, en rappelant la circulation capillaire dans l'expansion nerveuse qui forme la bulbe du cheveu, imprime à cet organe une nouvelle impulsion de développement, de plus elle fonce la couleur naturelle des cheveux.

Gale, Dartres.

17. Quelques bains sédatifs suffisent souvent pour guérir la gale, si l'on a soin de se débarrasser de toutes ses hardes et d'en prendre de blanches au sortir de chaque bain ; les premières hardes doivent passer par la fumée de soufre plusieurs fois après un lavage en pleine eau. En outre, on se graisse de pommade de nicotain dont voici la formule :

Feuilles fraîches de tabac.   1 livre.
Axonge saindoux. . . . . 1 livre.

On pèle les feuilles, on les met dans l'axonge et on fait bouillir jusqu'à ce que toute l'eau des feuilles soit évaporée ; on passe par un linge en exprimant, on laisse déposer ; après, on fait fondre de nouveau et on verse dans un pot à pommade.

*Moyen pour empêcher la désagréable sueur des
mains et des pieds*

18. Cueillir les sommités des tiges d'absinthe fraîche, une partie; alcool 20°, quatre
parties ; laissez macérer deux jours les sommités d'absinthe avec l'alcool; après distillez.
faites un mélange dans un bain de sable.
dans un vase en verre, jusqu'à ce qu'une
partie de l'alcool s'évapore; avec le reste,
on se lave les mains et les pieds, et on sera
exempt de cette désagréable sueur.

CHAPITRE III.

Procédé pour préserver et même arrêter l'humidité des murs dans les appartements.

1. On prend :

Goudron.	350	gramm.
Poix.	700	id.
Résine blanche. · . . .	116	id.
Caput mortum	156	id.
Brique en poudre. . . .	300	id.
Graisse de porc ou suif.	350	id.
Chaux vive en poudre. .	200	id.

On fait cuire le tout dans un vase en fer et on enduit les murs après les avoir grattés. Au bout de dix minutes l'enduit durcit à l'état de fer et permet l'application immédiate de la chaux, de la peinture, etc., sans laisser la moindre trace de l'humidité qui aurait existé.

Procédé pour un ciment hydraulique applicable aux conduits d'eau et aux fontaines domestiques.

2. On prend un bon morceau de chaux calcinée que l'on plonge dans l'eau; on le pose ensuite sur une planche ou un morceau de pierre pour le réduire en poudre fine; on en prend 197 grammes, et on le divise en deux parties : une partie doit être incorporée avec 56 grammes de farine de froment et 56 grammes d'huile de lin. Ensuite, on épeluche 11 grammes de coton très-fin, de manière à n'avoir que des fils isolés; on incorpore bien ce coton avec l'autre partie de la chaux et on mêle les deux compositions ensemble. Avec ce ciment on peut lier les pierres si fortement que la plus forte poussée d'eau ne saurait les détacher. Avant l'usage. on doit humecter les jointures des pierres avec de l'huile de lin.

Procédé pour détacher les étoffes de laine et de soie.

3. On mêle ensemble :

Alcali volatil. . . .	30	gramm.
Eau claire	100	id.
Essence de lavande.	2	id.

On en mouille un morceau de laine avec lequel on frotte la tache ; il en sortira de l'écume qu'il faudra enlever; ensuite on imbibera la place avec de l'eau tiède, on pressera entre deux linges propres et on laissera sécher.

Procédé pour préserver des mithes et autres insectes les vêtements de laine, de soie, etc.

4. On prend :

Camphre en poudre	30	gram.
Aloès en poudre.	30	id.
Feuilles de grenadier en poudre.	60	id.
Sommités d'absinthe en poudre.	60	id.
Racine de raifort en poudre . .	60	id.

On mêle toutes ces poudres et on en sème sur les vêtements ployés, en dessus, en dedans et en dessous.

Procédé pour nettoyer les tableaux et en ôter les taches.

5. On prend :

Mastic.	30 grammes.
Huile de térébenthine.	60 id.
Borax.	10 id.

On fait dissoudre le tout dans un bain de sable et on filtre; ensuite on lave le tableau avec de l'esprit de vin et on y applique, avec un pinceau de poil de loutre, la composition ci-dessus. On se sert aussi, avec avantage. de l'alcali volatil, 30 gr., coupés par 10 gr. d'essence de lavende et 150 gr. d'eau pure, en ayant soin de bien laver le tableau après l'avoir nettoyé.

Procédé pour recoller les verres et marbres cassés.

6. On prend :

Colle de poisson . . .	15 grammes.
Mastic.	7 id.
Gomme ammoniacale.	5 id.
Colle. . , ...	1 id.
Suc d'ail	15 id.
Alcool à 22°	170 id.

On fait dissoudre dans l'alcool les deux colles et le mastic ; on réduit en poudre la gomme et l'on y ajoute ; on verse ensuite le suc d'ail, on remue le tout de manière à bien incorporer tous les ingrédients. Avant de s'en servir on chauffe bien les parties a recoller ainsi que le mastic ; on enduit les fragments à chaud, on joint bien et on laisse sécher à une chaleur tempérée. La soudure ainsi faite est imperceptible à l'œil et résiste à l'eau bouillante.

Procédé pour faire disparaître à la minute la trace d'écriture.

7. On prend :

Sel d'oseille . . . . . 15 grammes.
Essence de tartre. . . 7 id.
Gomme sandaraque . 4 id.

On pulvérise et mêle le tout ; puis, avec un pinceau humecté d'eau, on en enduit les mots que l'on veut faire disparaître. Le pa-pier ne gardera pas la moindre trace de l'é-criture et ne changera ni de couleur ni même de glacé.

Procédé pour un vernis propre au cuir et ne cassant pas.

8. On prend :

Huile de térébenthine. . . . . 1 partie.
Gomme sandaraque en poudre. 2 parties.
Huile d'aspic . . . . 4 parties.
Eau-de-vie à 20°. . . . . 1 partie.

On lave la térébenthine cinq ou six fois avec de l'eau chaude, on la mêle avec la gomme et on expose le tout à un feu doux de charbon ; lorsque l'essence commence à fumer, on y ajoute l'huile d'aspic et on remue constamment avec un morceau de bois pour bien incorporer le tout ; au bout de quelques minutes on retire du feu le mélange, sans cesser de le remuer, et on y verse l'eau-de-vie ; ensuite on filtre à travers un linge. — Ce vernis est propre pour toute espèce de cuir, il est inflexible et ne casse pas.

Procédé pour un vernis de meubles.

9. On prend :

Gomme-laque en poudre . .   7 gram.
Sandaraque en poudre. . . . 14 id.
Mastic en poudre . . . . . . 130 id.
Colophane blanche en poudre.   7 id.
Alcool à 22° . . . .   1 litre.

On incorpore bien toutes ces poudres avec l'alcool, on les dissout au *bain-marie* et on l'emploie. Ce vernis est d'une grande beauté et il est inaltérable et par la chaleur et par l'eau.

Procédé pour teindre soi-même un bois quelconque en brun ou en noir et le garantir de la vermoulure.

10. On trempe un pinceau de toile dans l'acide sulfurique et on en imbibe le bois à teindre ; la première couche produit de suite une belle couleur brune ; la seconde couche, donnée après que la première est devenue sèche, produit la couleur noir d'ébène, et le lendemain la pièce se trouve en état de recevoir le poli.

Procédé pour rendre imperméables les bottes et souliers.

11. On prend :

Suif	170	gram.
Cire jaune.	6	id.
Huile de lin.	5	id.
Térébenthine de Venise.	56	id.

On fait fondre le suif et la cire, on mêle

la fusion avec l'huile de lin, on y ajoute la
térébenthine, et après que tous les ingrédients sont bien incorporés, on empote le
mélange. Chaque fois que l'on veut s'en servir on en fait fondre un peu et on en frotte
le cuir avec une brosse.

Procédé pour préserver les murs de l'introduc-
tion des punaises et détruire celles introduites
dans les meubles.

12. A la colle ordinaire, avec laquelle on
colle du papier sur le mur, on ajoute de
l'aloès, de l'ail pillé, de la poudre de menthe
et du camphre, le tout en parties égales. La
colle, ainsi préparée, détruit les punaises et
en empêche l'introduction.

Pour les meubles, on en lave les joints et
toutes les fentes à l'eau chaude ; après que
les endroits lavés sont devenus secs, on les
imbibe avec de l'huile de térébenthine et on
saupoudre avec de la poudre d'aloès. Cette
opération détruit même les œufs des punaises,
et en la répétant tous les quinze jours, on
sera à jamais délivré de ces insectes.

Procédé pour détruire les mouches dans les appartements.

13. On prend :

Colophane . . . 170 grammes.
Sucre pillé . . . 5 cuillerées.
Huile de navets. 5 id.

On fait fondre la colophane dans un vase vernissé et on y ajoute ensuite l'huile et le sucre ; après avoir bien incorporé le tout, on en recouvre un ou plusieurs bâtons en bois que l'on place aux fenêtres ou dans tout autre endroit : toutes les mouches s'y attacheront en peu d'heures.

Procédé pour recoller les vases de porcelaine et de faïence.

14. On prend :

Plomb. . . 2 parties.
Etain . . . 3 id.
Bismuth. . 5 id.

On met le tout dans un creuset et on le

fait fondre ; pendant que la fusion est chaude on la coule en petites verges. Quand on veut souder une pièce de porcelaine ou de faïence cassée, on prend les deux morceaux, on en chauffe au feu de charbon les parties cassées: on chauffe en même temps une des petites verges, on enduit la partie à recoller et on les serre bien ensemble. La soudure est tellement ferme qu'elle résiste à l'eau chaude.

Eau de Cologne.

15. On prend :

Alcool à 32°	2 litres.
Essence de citron.	8 gram.
Essence de bergamote . . .	8 id.
Essence de cédrat.	4 id.
Essence de lavande.	2 id.
Essence de fleurs d'oranger.	10 gouttes.
Teinture d'ambre.	10 id.
Teinture de benjoin.	12 gram.
Essence de roses	10 gouttes.

On laisse mariner le tout dans l'alcool pendant douze heures, en agitant fréquemment le flacon ; ensuite on filtre à travers le papier Joseph.

Eau de mille fleurs.

16. Toutes sortes de fleurs nouvellement cueillies et non humides.   10 livres.
Eau de rivière. . .   10   id.

On fait bouillir l'eau et, lorsqu'elle est à 100° centigrades, on jette les fleurs dans un panier d'osier à clair-voie garnissant les parois de la cucurbite. Ce panier est destiné à empêcher les fleurs de se trouver en contact avec les parois de l'alambic ; on fait plonger le panier dans l'alambic et l'on procède à la distillation, de manière à ne retirer du tout que vingt litres d'eau distillée.

Essence de framboise.

17. On prend :

Framboises mûres mondées.   1 partie.
Alcool à 36°.   4   id.

On laisse macérer le tout pendant trois jours, on distille ensuite au *bain de sable* jusqu'à l'évaporation complète de l'alcool.

C'est une essence dentifriee empêchant les progrès de la carie des dents et la putridité de l'haleine.

Essence de Menthe.

18. On prend :

Feuilles et fleurs de menthe. 1 partie.
Alcool à 22°. 3   id.

On laisse macérer le tout pendant deux jours, et on distille ensuite, au bain de sable, pour n'en retirer que la moitié. Cette essence empêche la mauvaise odeur des sueurs, surtout pendant les jours critiques des femmes.

Essence de Romarin.

19. On prend :

Toute plante verte. 1 partie.
Alcool à 20°. . . . 10   id.

On laisse macérer le tout pendant trois jours; ensuite on distille, à bain-marie, à n'en retirer qu'un cinquième. Cette essence fait disparaître les brûlures du soleil, en outre elle donne un velouté à la peau.

Essence de Laurier.

20. On prend :

    Feuilles de laurier.   1 partie.
    Alcool à 22° . . . . 3 id.

On fait macérer le tout pendant trois jours à la chaleur; on distille ensuite au bain-marie jusqu'à l'évaporation de l'acool. On s'en sert avec avantage pour donner aux cheveux rouges une couleur brunâtre.

Pastilles anti-scorbutiques.

21. On prend :

    Feuilles de cochlearia. . . . . 250 gram.
    Feuilles de trèfle d'eau . . . . 250 id.
    Cresson. . . . . 350 id.
    Raifort . . . . 250 id.
    Oranges amères. . . . . . . 250 id.
    Canelle. . . . . 8 id.
    Vin blanc . . . . 1 litre.

Sucre caramélisé . . . . 300 gram,
Gomme adragante en poudre.   1 kilog.

On laisse macérer les matières végétales de la formule cinq à six jours dans le vin; on passe et exprime dans un linge; on y ajoute ensuite le sucre caramélisé et enfin la gomme; on laisse dessécher le tout au feu; on en fait une pâte avec un peu d'eau; on l'étend au rouleau de l'épaisseur de trois millimètres; au moyen d'un emporte-pièce en fer-blanc, on en fait des pastilles; on les fait sécher dans un vase qui servira d'étuve; on les couvre alors, au pinceau, d'une couche de gomme adragante et on les passe vivement au feu. Sans ce dernier moyen, ces pastilles attireraient l'humidité de l'air et se prendraient en pâte. On les conserve dans une boîte bien fermée.

Pastilles de bonne haleine.

22. On prend :

Sel marin blanc. . . .   15 gram.
Tartrate acide de potasse.   7 id.
Huile de menthe. . .   8 id.
Sucre blanc . . . . .   250 id.
Gomme adragante en poudre.   20 id.

Dans un mortier bien chaud on triture, en poudre impalpable, le sel, le sucre et la gomme adragante; après les avoir bien desséchés au feu, on en fait une pâte avec un peu d'eau et la quantité d'essence indiquée; on l'étend au rouleau et ensuite on procède à la confection des pastilles et à leur conservation, d'après le mode indiqué aux pastilles anti-scorbutiques.

Dentifrice.

23. On prend :

Charbon de tilleuls en poudre.	85	gram.
Bois de sandal en poudre. . .	127	id.
Quinquina en poudre.	20	id.
Mirrhe en poudre.	14	id.
Corail rouge.	28	id.
Sauge	14	id.

On mêle le tout et on l'emploie pour brosser les dents. Cette combinaison a la propriété de blanchir les dents jaunes, d'en enlever le tartre et de conserver l'émail en état constant de blancheur luisante. On peut remplacer la poudre de corail par celle de l'ivoire brûlé.

Chocolat de ménage.

24. On prend :

Cacao des îles torréfié et épuré.   6 livres,
Cacao caraque torréfié et épuré.   3   id.
Sucre blanc en poudre. 10   id.
Ecorce de cannelle en poudre . 40 gram.

On pile les deux cacaos dans un mortier
de fer, chauffé d'avance, en y ajoutant le
quart du poids en sucre ; on met ensuite la
masse ainsi pilée sur une pierre lisse, chauf-
fée d'avance, sur laquelle on étend cette
masse; au moyen d'un rouleau en fonte ou
en bois dur, on la réduit en pâte; on ajoute
la cannelle, on broie le tout une seconde fois,
et lorsque la pâte a acquis la finesse et l'ho-
mogénité voulues, on la met dans les moules
s'il y en a, et, s'il n'y en a pas, on la découpe
au couteau, on dessèche les morceaux faits
et on les enveloppe dans du papier.

Liqueurs kirch-waser domestique.

On prend :

Merises sans queues mais avec
noyaux. . . . . . . 2 livres.
Cerises sans queues mais
avec noyaux. . . . . 2 livres.
Eau-de-vie à 22°. . . . . 2 litres.

25. On pèle les merises et les cerises avec leurs noyaux et on laisse bien fermenter le jus; la fermentation obtenue, on y ajoute l'eau-de-vie, on bat le tout ensemble, on met chauffer dans un vase couvert et au petit feu pendant une demi-heure, ensuite on filtre et conserve.

C'est le procédé le plus en usage parmi les habitants de la Forêt-Noire.

Pomade turque.

On preud :

Moelle de bœuf. 150 grammes.
Savon de Venise. 50 id.
Borax en poudre. 25 id.
Huile d'olive. 45 id.
Essence de roses. 45 id.

26. On fait fondre la moelle, on décante a fusion et on la remet an feu avec le savon

de Venise et le borax; lorsque la fusion est opérée et encore chaude, on y ajonte l'huile et l'essence, on mêle bien le tout, on laisse refroidir et on empote.

Teinture blonde pour les cheveux.

27. Une chevelure rousse et même rouge, acquiert en peu de temps la couleur blonde par l'emploi fréquent de la teinture suivante.

On prend :

Eau du grand plantin.   226 grammes.
Savon de Venise.   42 id.
Gomme arabique en poudre. 1 id.

On broie dans un mortier le savon et la gomme, et on délaye le tout dans la quantité donnée d'eau du grand plantin, et on s'en humecte la chevelure le soir et le matin.

Brune pour les chevenx.

28 On prend :

Litharge d'argent en pou-
   dre fine. . . . . . 339 grammes,
Chaux vive en poudre. . 170 id.
Poudre à poudrer, . . 85 id.
Alun en poudre. . . . 14 id.
Eau tiède. . . . . . 152 id.

On délaye bien la poudre et on l'emploie immédiatement. Il faut tâcher d'en impregner fortement chaque cheveu, et on s'enveloppe la tête soit avec du taffetas ciré soit avec des feuilles de légnmes maintenues par un foulard pour conserver l'humidité de la teinture pendant quatre heures; au bout de ce temps on se lave bien la tête à l'eau tiède, on frotte ensuite les cheveux avec des jaunes d'œufs pour les amollir, on les relève, et quaud ils sont secs on les lisse avec de l'huile d'amande.

Cette teinture dure plusieurs semaines et ne coule pas par la sueur.

Vinaigre de ménage.

On prend :

Sucre. . . . 1 partie.
Eau pure. . . 7 partie.
Levure. . . . 1/2 partie.

29. Ce mélange, abandonné à l'air pendant un mois, fourni un excellent vinaigre de table.

Vinaigre de toilette.

On prend :

Alcool à 12 réaumur.   1 kilogramme.
Levure acide.   .   . 15 grammes.
Amidon.   .   .   .   . 13 id.
Borax.   .   .   .   . 7 id,
Cochenille.   .   .   . 5 id.

30. On met le tout dans un verre sans le couvrir, et on l'expose à l'air; au bout de hnit jours ce mélauge produit uu vinaigre très-fort. On s'en sert en le réduisant avec de l'eau.

Pour reconnaître si le drap a un bon teint.

31. Preaez un petit morceau de drap, humectez-le avec uue goute d'acide sulfurique, l'eau brûlera un trou dans le drap, si à l'entour du trou on voit une teinte rouge, le drap a une mauvaise teinture ; si le trou

est exempt du rouge le drap a une bonne teinture.

Procédé pour obtenir uue graisse qui résiste huit jours à l'essieu sans couler,

On prend :

Saindoux. . . . . 350 grammes.
Molibdine. . . . 30 id.
Colophane en poudre. 15 id.
Huile d'olive. . . . 30 id.
Vif-argent. . . . 15 id.

32. On pétrit dans un vase le saindoux avec le vif-argent, on y ajoute d'abord l'huile, ensuite les autres ingrédiens, et on s'en sert comme de toute autre graisse.

Procédé pour blanchir les chapeaux de paille d'Italie.

On prend :

Chlorure de chaux. 1 partie.
Eau . . . . . 32 id,

33. On délaye bien et on immerge les chapeaux, en ayant soin de les retirer au bout de cinq minutes et les laver à pleine eau au savon blanc : on répète ces immersions et les lavages trois ou quatre fois selon le besoin; ensuite on plonge les chapeaux dans une dissolution d'acide sulfurique étendue de 70 parties d'eau pour une partie. La paille sera parfaitement nettoyée et paraîtra comme neuve.

Pour obtenir une teinte jaunâtre, on ajoute du safran en poudre 1/2 partie, que l'on mêle au chlorure.

Montmartre. — Imp. Pilloy.